FORSCHUNGSBERICHTE DES LANDES NORDRHEIN-WESTFALEN

Nr. 1513

Herausgegeben
im Auftrage des Ministerpräsidenten Dr. Franz Meyers
von Staatssekretär Professor Dr. h. c. Dr. E. h. Leo Brandt

DK 612-08
537.531.8
621.383.27

Prof. Dr. med. Dr. rer. nat. h. c. Dr. med. h. c.
Hugo Wilhelm Knipping

Dr. rer. nat. Leo Priebe

Priv. Doz. Dr. med. Hans Schlüssel

Medizinische Universitätsklinik Köln

Nuklearmedizinische Probleme der Bilddarstellung ebener radioaktiver Verteilungen in Blutgefäßen und Geweben

Theorie und Ausführung einer physikalischen Bildverstärkeranlage

WESTDEUTSCHER VERLAG · KÖLN UND OPLADEN 1965

ISBN 978-3-663-06625-5 ISBN 978-3-663-07538-7 (eBook)
DOI 10.1007/978-3-663-07538-7

Verlags-Nr. 011513

Gesamtherstellung: Westdeutscher Verlag

Inhalt

Zusammenfassung

Es wird eine physikalische Bildverstärkeranlage beschrieben, die nach dem Prinzip der Sekundärelektronen-Vervielfachung in Transmission arbeitet. Sie soll dazu dienen, mit Hilfe eines zwischengeschalteten Blenden–Szintillator-Systems die radioaktive Verteilung in einem ebenen Modellkörper im ungefähren Bildmaßstab 1:1 darzustellen. Hierzu ist es notwendig, von den das Verteilungsmuster divergent verlassenden Gammastrahlen die zur Oberfläche senkrecht verlaufenden Parallelstrahlen auszusondern, damit in einem optischen Zwischenbild schwacher Leuchtdichte eine eindeutige Zuordnung Gegenstandsfläche–Bildfläche resultiert. Wir verwenden hierzu eine Parallelrasterblende, die aus einer Vielzahl von Stahlröhrchen in engster Zylinderpackung aufgebaut ist. Im Innern der Rasterkanäle befindet sich ein geeigneter Szintillator, so daß beim Durchgang der Gammastrahlen deren absorbierte Energie in Lichtenergie transformiert wird. An der ebenen Austrittsfläche der Parallelrasterblende entsteht so ein optisches Zwischenbild der radioaktiven Verteilung. Zur Verstärkung der schwachen Leuchtdichte wird das Zwischenbild mittels eines Linsensystems auf die Fotokathode des Bildverstärkers abgebildet und kann nach Verstärkung am Leuchtschirmausgang desselben beobachtet werden.

Einleitung

Nach einer soeben veröffentlichten Studie der Weltgesundheitsorganisation waren Herz- und Gefäßkrankheiten in 22 hochindustrialisierten Ländern fast für die Hälfte aller Todesfälle verantwortlich. Die höchste Sterblichkeitsquote wurde in West-Berlin registriert, die niedrigsten Sterblichkeitsquoten in Japan, Griechenland und Venezuela. Eine ausgedehnte wissenschaftliche Bearbeitung wurde in den letzten Jahrzehnten der Arteriosklerose gewidmet, die anteilig bei den Herz- und Gefäßkrankheiten absolut dominiert. Immer noch stehen wir vor der Aufgabe, die Ätiologie der Arteriosklerose kennenzulernen. Bisher sind uns lediglich eine Vielzahl pathogenetischer Faktoren bekanntgeworden, die die Entwicklung dieser Krankheit beeinflussen.

Eines der Hauptprobleme in der Arterioskleroseforschung ist die objektive und frühzeitige Erfassung krankhafter Gefäßveränderungen. Eine Vielzahl von Untersuchungsmethoden wurde entwickelt, die uns eine mehr oder weniger verbindliche Aussage über die funktionelle Situation einzelner Gefäßprovinzen vermitteln. Hinsichtlich der morphologischen Diagnostik sind wir in der Klinik weiterhin auf die Röntgenkontrastdarstellung der Arterien angewiesen. Trotz beachtlicher technischer Vervollkommnung der Röntgendiagnostik und der Röntgenkontrastmittel stellt die Angiographie immer noch eine diagnostische Methode dar, die den Patienten stark belastet. Deshalb ist die Indikationsstellung einer Angiographie begrenzt, nicht beliebig oft wiederholbar und z. B. als Methode zur Serienbestimmung von Patientenkollektiven wenig geeignet.

Eine wesentliche und dramatische Komplikation der Arteriosklerose, das Infarktereignis, überrascht immer wieder Menschen aus scheinbar voller Gesundheit. Wir müssen weiter bemüht sein auf der Suche nach weniger belastenden diagnostischen Methoden, die die Infarktgefährdung erkennen lassen und für die serienmäßige Durchuntersuchung beliebig großer Untersuchungsgruppen anwendbar sind. Die Kenntnis der Infarktgefährdung würde in den meisten Fällen genügen, das Infarktereignis zu verhindern. Darüber hinaus würde eine feinere diagnostische Anzeige die Verbesserung unserer therapeutischen Möglichkeiten beträchtlich fördern.

In der Anwendung radioaktiver Isotope sehen wir einen Weg der Gefäßdarstellung, der gegenüber dem üblichen Röntgenkontrastverfahren wesentliche Vorteile bietet. Gegenstand dieser Arbeit ist es, einige Voraussetzungen für die Anwendung eines mehrstufigen Bildverstärkers in der Nuklearmedizin auszuarbeiten.

Bis heute sind vier Abbildungsverfahren bekanntgeworden, die radioaktive Verteilungen in biologischen Gefäß- und Gewebebereichen zur Darstellung bringen:

a) *Autoradiographie*
b) *Radiophotographie*
c) *Szintigraphie*
d) *Gammaretina-Verfahren*

Von diesen Verfahren ist die *Autoradiographie* zur Anwendung in der Klinik kaum geeignet. Die Voraussetzung für eine flächengetreue Radiosensibilisierung einer Photoschicht wäre nur für die oberflächlichsten Haut- und Schleimhautbezirke gegeben. Um ausreichende Empfindlichkeit und Auflösungsvermögen zu erhalten, erfordert dieses Verfahren jedoch eine besondere Präparierung des biologischen Materials, so daß eine Anwendungsmöglichkeit in vivo im allgemeinen nicht gegeben ist.
Die *Radiophotographie* bedient sich ebenfalls der Photoschicht als Bildspeicher. Bei gleicher geometrischer Anordnung der Photoschicht entsprechend der üblichen Röntgenphotographie ist das Auflösungsvermögen wegen des relativ großen Abstandes der Ausstrahlungsorte vom Bildspeicher minimal. Das Zwischenschalten von Lochblenden ergibt zwar eine Verbesserung, die im allgemeinen jedoch nicht als ausreichend angesehen werden kann. Aus diesem Grunde und auch wegen der für den diagnostischen Einsatz von geringen Mengen radioaktiver Substanzen zu kleinen Empfindlichkeit der Photoschicht dürfte dieses Verfahren höchstens als orientierendes Hilfsmittel bei radioaktiver Verseuchung in Fällen von Unglück und Katastrophen geeignet sein.
Bei der *Szintigraphie* dient ein kleiner Szintillatorkristall als Strahlendetektor. Er befindet sich in einem möglichst geringen Abstand über dem biologischen Untersuchungsobjekt und erhält durch passende Ausblendung nur Gammastrahlung des im Blendenwinkel liegenden kleinen radioaktiven Raumbereiches. Die Strahlungsimpulse werden weitergeleitet, und auf Papier oder einer Photoschicht wird eine ihrer Anzahl proportionale Schwärzung in einem flächengleichen Gebiet registriert. Um eine radioaktive Verteilung aufzunehmen, muß daher der Strahlendetektor in einer lückenlosen Folge Ort für Ort abtasten. Diese Art der Informationsübermittlung erfordert eine relativ lange Zeit und ist deshalb auf die Wiedergabe langlebiger Verteilungsmuster beschränkt. Die Null- als auch die Streustrahlung kann bei der Szintigraphie in einem bestimmten Maße durch Energiediskrimination der Strahlungsimpulse unterdrückt werden. Dies geschieht dadurch, daß man den Verstärker so einstellt, daß nur Szintillationsimpulse der Photoabsorption an den Registrierausgang gelangen. Da hierdurch eine Verminderung der Zählrate eintritt, kann eine weitere Reduzierung des Detektorvolumens, womit man eine Erhöhung des Auflösungsvermögens erreichen würde, nur bis zu einer gewissen Grenze durchgeführt werden. Diese als auch die Kollimationsgüte bestimmen im wesentlichen das Auflösungsvermögen. Leider führen die Güten der Detektoreinheiten bei Berücksichtigung der zulässigen Isotopenkonzentrationen heute noch nicht zu einem ausreichenden Auflösungsvermögen, das für kleinere Raumbereiche eine diagnostische Anwendung möglich machen würde. Lediglich in der Schilddrüsen- und Leberdiagnostik ist es bisher zu erfolgreichen diagnostischen Anwendungen gekommen. Der Grund hierfür ist darin zu

sehen, daß es Radioisotope gibt, welche von beiden Organen selektiv gespeichert werden, und die damit gegebenen Verteilungen relativ langlebig sind. Jedoch ist auch hier im allgemeinen eine detailliertere Auswertung des Szintigramms erst dann möglich, wenn an der Grenze therapeutischer Dosen gearbeitet wird.

Das Verfahren der Gammaretina kann als integrierende Szintigraphie bezeichnet werden; der zeitliche Aufwand der Nacheinanderaufnahmen einer bestimmten Anzahl diskreter Strahlungsbezirke wird durch den gleichzeitigen Einsatz gleichvieler Szintillationskanäle ersetzt. Die Aufnahmezeit einer Verteilung reduziert sich demnach um mehr als den Faktor der Kanalanzahl, da auch die Transportzeiten der Szintillationskristalle wegfallen. Dies ermöglicht die Beobachtung von Verteilungsabläufen, wobei der zeitliche Aktivitätsgang der einzelnen Strahlungsbezirke z. B. an Lampentableaus verfolgt werden kann. Jede Lampe in geometrisch gleicher Lage im ebenen Tableau wie der dazugehörige Detektor stellt den Ausgang des entsprechenden Kanals dar.

Durch die Beobachtung von Verteilungsabläufen bestimmter radioaktiver Isotope ergeben sich für die medizinische Diagnose neue und fruchtbare Aspekte. Dabei kann man von der Voraussetzung ausgehen, daß in dem kinematischen Verhalten geeigneter Radioisotope sich der zeitliche Funktionsablauf bestimmter physiologischer Elemente widerspiegelt. Leider ist auch hier das geringe Auflösungsvermögen neben der Schwierigkeit, alle Detektor-, Verstärker- und Registriereinheiten gleich arbeiten zu lassen, ein beschränkendes Moment.

Der von uns beschrittene und im folgenden beschriebene Weg, eine Anlage zu schaffen, welche besser auflöst und eine höhere Empfindlichkeit besitzt, ist der, ein optisches Zwischenbild von schwacher Luminanz mit Hilfe eines hochverstärkenden Bildverstärkers für eine kinematographische oder visuelle Beobachtung geeignet zu machen. Die Entstehung des Zwischenbildes geschieht durch eine Parallelrasterblende, in deren zylindrischen und parallelen Kanälen sich eine szintillierende Substanz befindet. Das bei Gammadurchstrahlung am Blendenausgang erscheinende Bild von Lichtpunkten ist in seiner Intensitätsverteilung der des radioaktiven Isotopes äquivalent und wird durch ein Linsensystem auf die Fotokathode des Bildverstärkers abgebildet; dessen Lichtverstärkung von $2 \cdot 10^4$ ist ausreichend, um auch noch sehr schwache Zwischenbilder auf dem Leuchtschirm sichtbar zu machen.

A. Das Blenden-Szintillations-System

I. Aufbau der Parallelrasterblende

Die Parallelrasterblende besteht aus einer Vielzahl von kreiszylindrischen und rostfreien Stahlrohren (AISI 304 der Firma Microtube, Schweiz), die in engster Zylinderpackung so gelegen sind, daß der Rasterquerschnitt von quadratischer Form ist.

Die geometrischen Maße der Rohre sind

$$r_i = 20 \cdot 10^{-3}\,\text{cm}$$
$$r_a = 35 \cdot 10^{-3}\,\text{cm}$$
$$l = 20\,\text{cm},$$

und die Richtanalyse des Rohrmaterials AISI 304 ergibt folgende Werte:

C_{max}	0,05%	Si	0,45%	Mn	0,40%
Cr	18 %	Ni	8,75%.		

Ist d^2 der Rasterquerschnitt und n_1, n_2 die horizontale und vertikale Lagenzahl, so erhält man für die Gesamtzahl der Rasterrohre

$$n = n_1 n_2 = \frac{d^2 + d r_a(\sqrt{3} - 2)}{2\sqrt{3}\, r_a^2}.$$

Bei Berücksichtigung von $d \gg r_a$ wird hieraus

$$n = \frac{d^2}{2\sqrt{3}\, r_a^2}. \qquad \text{(A, 1)}$$

Für einen Querschnitt der Seitenlänge $d = 1{,}9$ cm werden demnach 853 Rasterrohre benötigt.

Ein U-förmiges Messingbett dient als Halterung für die Rasterrohre, und die obere Fläche ist unter Druck mit einer Messingplatte verschließbar. Die Räume zwischen den einzelnen Rohren, deren Querschnitte Bogendreiecke gleichseitiger Gestalt darstellen, sind mit Bleiglätte (PbO), die als Emulsion in der Azetonlösung eines Klebemittels vorlag, ausgefüllt.

Für die folgenden Berechnungen der Blendenwirksamkeit werden nun zwei Voraussetzungen gemacht, die in der Realität im allgemeinen nur als annähernd erfüllt betrachtet werden können.

1. Die Stahlwände der Blendenkanäle absorbieren die auftreffende Gammastrahlung vollkommen.
2. Die Zwischenräume zwischen den einzelnen Rasterrohren verhalten sich gegenüber den Gammastrahlen ebenso als vollkommene Absorber wie das Wandmaterial der Rasterrohre.

II. Energieeinstrahlung in einen bestimmten Blendenkanal

Die Fläche, in der sich ein radioaktives Isotop in ebener Verteilung mit der spezifischen Aktivität $a(\rho, \varphi)$ (Dimension: Curie · cm^{-2}) befindet, stelle die ρ, φ-Ebene eines Zylinderkoordinatensystems dar, dessen Nullpunkt durch den Durchstoßpunkt der Zylinderachse des in Betrachtung gezogenen Blendenkanals gegeben sei. Die Eingangsfläche des Blendenkanals befinde sich in der Höhe h über der radioaktiven Fläche F.

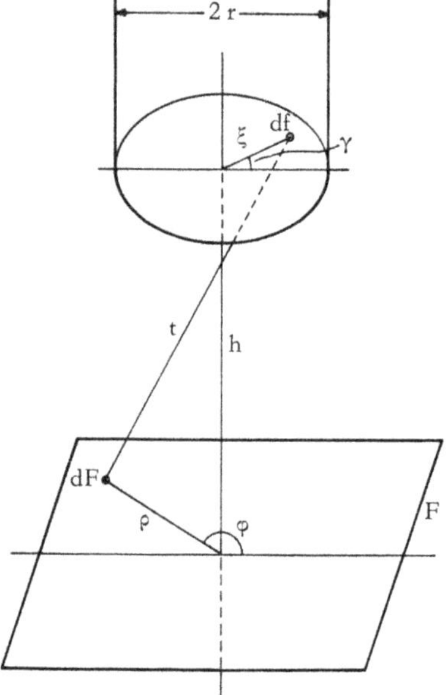

Abb. 1 Radioaktive Fläche F und ein Blendenkanal

Die Gammaenergie I_0, welche von einem radioaktiven Flächenelement $dF = \rho d\rho d\varphi$ in ein Raumwinkelelement $d\omega$ und in der Zeiteinheit ausgestrahlt wird, ist

$$I_0 = \frac{a(\rho, \varphi)}{2\pi} q \, \rho d\rho d\varphi d\omega. \qquad (A, 2)$$

Hierbei ist angenommen, daß die Halbwertszeit des radioaktiven Isotopes die Zeiteinheit weit übertrifft.

In Gleichung (A, 2) bedeutet q einen Energiefaktor in der Dimension erg · Curie^{-1} · sec^{-1} · ster^{-1}, der die Energie eines bestimmten Isotopes darstellt, welche 1 Curie desselben sekundlich in den Halbraum ausstrahlt. ρ ist der radiale Abstand des radioaktiven Flächenelementes vom Nullpunkt.

Für $d\omega$ läßt sich schreiben:

$$d\omega = \frac{df \cos\alpha}{t^2} = \frac{\xi d\xi d\gamma}{t^2} \cos\alpha\,, \tag{A, 3}$$

wobei unter df ein Flächenelement der Blendeneingangsebene zu verstehen ist; ξ, γ sind demnach ebene Polarkordinaten in dieser Höhe $z = h$. Der Abstand zwischen emittierendem und empfangendem Flächenelement wird mit t, der Winkel zwischen der Flächennormalen von df und t mit α bezeichnet. Wie aus Abb. 1 ersichtlich, sind dann folgende Beziehungen gültig:

$$t^2 = h^2 + \rho^2 + \xi^2 - 2\,\rho\,\xi \cos(\varphi - \gamma)\,, \tag{A, 4}$$

$$\cos\alpha = \frac{h}{t}\,. \tag{A, 5}$$

Der gesamte Raumwinkel ω, unter dem die Blendeneingangsfläche, vom radioaktiven Flächenelement aus gesehen, erscheint, ist daher mit $r_i = r$

$$\omega = h \int_0^{2\pi} \int_0^{r} \frac{\xi d\xi d\gamma}{\sqrt{h^2 + \rho^2 + \xi^2 - 2\,\rho\,\xi \cos(\varphi - \gamma)}^{\,3}}\,. \tag{A, 6}$$

Da hier ξ, $r \ll h$ angenommen werden kann, ändert sich der Integrand bei der γ-Integration sehr wenig, und es wird dann einfach

$$\omega = \frac{h r^2 \pi}{\sqrt{h^2 + \rho^2}^{\,3}} \qquad \text{und} \qquad d\omega = \frac{h\,df}{\sqrt{h^2 + \rho^2}^{\,3}}\,. \tag{A, 7, 8}$$

Man denke sich nun den gesamten Blendenkanal oberhalb der Höhe $z = h$ mit einem Szintillator gefüllt. Da der im Raumwinkelelement $d\omega$ ausgestrahlte Energiefluß I_0 in Näherung als parallelaufend betrachtet werden kann, gilt für den im Szintillator absorbierten Anteil der Gammaenergie in $d\omega$ folgender Ausdruck:

$$I(\xi, \gamma, \rho) = I_0 (1 - e^{-\mu s(\xi, \gamma, \rho)})\,. \tag{A, 9}$$

μ ist der lineare Absorptionskoeffizient der Gammastrahlung im Szintillator und s stellt den geradlinigen Weg der Gammastrahlen im Szintillator dar, der natürlich als Funktion der Polarkoordinaten ξ, γ sowie von ρ zu verstehen ist.

Im allgemeinen gilt $\mu \ll 1$. Damit wird

$$I(\xi, \gamma, \rho) = I_0\, \mu\, s(\xi, \gamma, \rho)\,. \tag{A, 10}$$

Die gesamte im Szintillator eines Blendenkanals absorbierte und zum Teil in Lichtenergie übergeführte Gammaenergie $dE_L(\rho)$, welche vom radioaktiven Flächenelement dF herrührt, ergibt sich dann zu

$$dE_L(\rho) = \frac{a(\rho, \varphi)}{2\pi} q \mu \rho d\rho d\varphi \int_f \frac{h s(\xi, \gamma, \rho)}{\sqrt{h^2 + \rho^2}^3} df. \tag{A, 11}$$

Wie eine einfache geometrische Betrachtung lehrt, ist das gesamte im Blendenkanal liegende Einstrahlvolumen durch folgenden Ausdruck gegeben:

$$V(\rho) = \int_f \frac{h s(\xi, \gamma, \rho)}{\sqrt{h^2 + \rho^2}} df. \tag{A, 12}$$

Hiermit resultiert als endgültige Formel für $dE_L(\rho)$,

$$dE_L(\rho) = \frac{a(\rho, \varphi)}{2\pi} q \mu \frac{V(\rho) \rho}{h^2 + \rho^2} d\rho d\varphi. \tag{A, 13}$$

III. Berechnung von $V(\rho)$

Für die Berechnung von $V(\rho)$ ist es zweckmäßig, die Spitze des Strahlenkegels, gelegen im radioaktiven Flächenelement dF, als Nullpunkt eines Cartesischen Koordinatensystems (x, y, z) zu betrachten, dessen x–y-Ebene mit der radioaktiven Fläche F identisch ist.

In diesem Koordinatensystem werden der Strahlenkegel, ausgehend von dF, und der Blendenkanal als Zylinder durch die folgenden Gleichungen beschrieben.

$$\text{Kegel:} \quad \frac{\rho^2 - r^2}{h^2} z^2 + x^2 + y^2 - \frac{2 \rho z x}{h} = 0 \tag{A, 14}$$

$$\text{Zylinder:} \ (x - \rho)^2 + y^2 = r^2 \tag{A, 15}$$

Die Berechnung von $V(\rho)$ wird nun als eine Inhaltsbestimmung von Pyramiden durchgeführt, indem man den gesamten Strahlenkegel als eine Vielzahl von Pyramiden ansieht, deren Grundflächen auf dem Mantel des Zylinders (Blendenkanal) gelegen sind und die Fläche b in einem u–v-Koordinatensystem bilden. Die u–v-Koordinaten sind mit den cartesischen in folgender Weise verbunden:

$$\begin{aligned} x &= \rho + r \cos u, \\ y &= r \sin u, \\ z &= v. \end{aligned} \tag{A, 16a, b, c}$$

Es gilt dann also für das gesuchte Volumen

$$V(\rho) = V_1 - \tfrac{1}{3} r^2 \pi h$$

mit

$$V_1 = \tfrac{1}{3} \int\int_b D(u, v) \, du \, dv. \tag{A, 17}$$

D(u, v) ist folgende Determinante:

$$D(u, v) = \begin{vmatrix} x & y & z \\ \frac{\partial x}{\partial u} & \frac{\partial y}{\partial u} & \frac{\partial z}{\partial u} \\ \frac{\partial x}{\partial v} & \frac{\partial y}{\partial v} & \frac{\partial z}{\partial v} \end{vmatrix} = \rho r \cos u + r^2. \tag{A, 18}$$

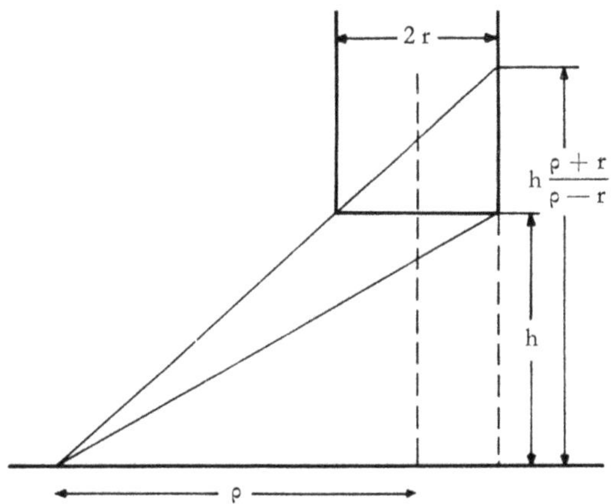

Abb. 2 Zur Bestimmung von V(ρ)

Wie aus Abb. 2 ersichtlich, ist der Integrationsbereich b in Gl. (A, 17) durch die beiden Beziehungen gegeben,

$$h < v < h \frac{\rho + r}{\rho - r}$$

und

$$u = \arccos \left(\frac{\rho^2 - r^2}{2 \rho h r} v - \frac{\rho^2 + r^2}{2 \rho r}. \right) \tag{A, 19}$$

Letztere Formel erhält man unter Benutzung von (A, 16, a, b und c), wenn man (A, 15) in (A, 14) einsetzt und so die Raumkurve der Mantelschnittpunkte von Kegel und Zylinder bestimmt.

Es folgt nun für V_1 nach Ausführung der u-Integration

$$V_1 = 2\,\frac{\rho\, r}{3} \int\limits_{h}^{h\frac{\rho+r}{\rho-r}} \sin\left[\arccos\left(\frac{\rho^2 - r^2}{2\,\rho h r}\, v - \frac{\rho^2 + r^2}{2\,\rho r}\right)\right] dv,$$

$$+ 2\,\frac{r^2}{3} \int\limits_{h}^{h\frac{\rho+r}{\rho-r}} \arccos\left(\frac{\rho^2 - r^2}{2\,\rho h r}\, v - \frac{\rho^2 + r^2}{2\,\rho r}\right) dv\,. \qquad (A, 20)$$

Die Integration in (A, 20) läßt sich in geschlossener Form durchführen; nach Abzug von $\frac{1}{3}\, r^2 \pi \cdot h$ ergibt sich als endgültiger Ausdruck für das im Blendenkanal liegende Absorptionsvolumen $V(\rho)$,

$$V(\rho) = \frac{r^2 h}{3\,(\rho^2 - r^2)} \left(5\, r^2 \pi + 6\, r \sqrt{\rho^2 - r^2} + 2\,\rho^2 \arcsin\frac{r}{\rho} - 4\, r^2 \arccos\frac{r}{\rho}\right). \qquad (A, 21)$$

Wie aus Abb. 3 zu ersehen ist, gilt Gl. (A, 21) nur für ρ-Werte

$$r\left(1 + \frac{2\,h}{l}\right) \leqq \rho < \infty \quad (\text{Zone } F_3)\,.$$

Denn nur für in diesem Bereich liegende radioaktive Flächenelemente dF ist $V(\rho)$ identisch mit dem Absorptionsvolumen im Szintillator. Gilt für ρ die Ungleichung

$$r\left(1 + \frac{2\,h}{l}\right) > \rho > r \quad (\text{Zone } F_2)\,,$$

so ist zwar $V(\rho)$ nach (A, 21) definiert, jedoch wegen der endlichen Länge l des Blendenkanals größer als das Absorptionsvolumen.

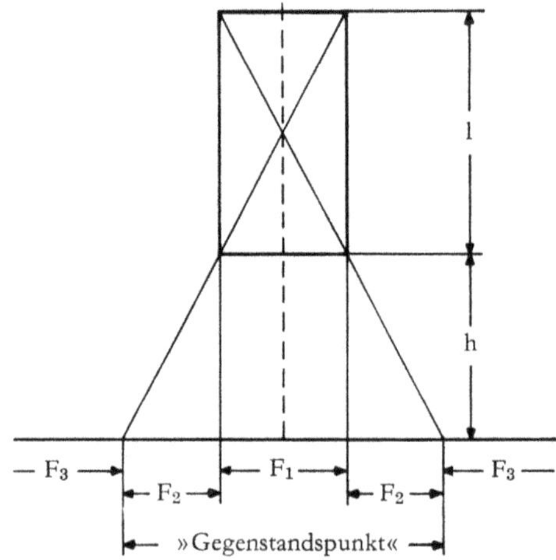

Abb. 3 Darstellung des »Gegenstandspunktes« in der radioaktiven Fläche F

Für

$$r \geqq \rho \geqq 0 \quad \text{(Zone } F_1\text{)}$$

ist $V(\rho)$ nach Gl. (A, 21) nicht mehr definiert.

Liegen die radioaktiven Flächenelemente dF in den Zonen F_1 und F_2, so gilt demnach bei Berücksichtigung von $r \ll h$ für die physikalisch realen Werte von $V(\rho)$,

$$V(\rho) = r^2 \pi l, \quad \text{wenn} \quad r + \frac{2rh}{l} > \rho \geqq 0; \tag{A, 22}$$

das Absorptionsvolumen der aus diesem Flächenbereich stammenden Gammastrahlung ist optimal und identisch mit dem gesamten Szintillatorvolumen.

IV. Die Blendengüte G

Wie am Schlusse des vorigen Abschnittes beschrieben, wird die Gammastrahlung, welche von radioaktiven Flächenelementen in den Zonen F_1 und F_2 emittiert wird, im über diesen sich befindenden Blendenkanal am stärksten absorbiert und führt daher zur größten Lichtemission am Ausgang desselben. Es ist daher naheliegend und zweckmäßig, diesen Flächenbereich als »Gegenstandspunkt« der radioaktiven Fläche F zu definieren.

Gibt man nun eine bestimmte im folgenden noch beschriebene radioaktive Testverteilung vor, so kann die Blendengüte G als Quotient der Absorptionsvolumina der Gammastrahlungen vom »Gegenstandspunkt« und der übrigen radioaktiven Fläche verstanden werden.

$$G = \frac{\int\limits_{F_1+F_2} dE_L(\rho)}{\int\limits_{F_3} dE_L(\rho)}. \tag{A, 23}$$

Die radioaktive Testverteilung (Abb. 4) wird durch eine ebene Belegung konstanter spezifischer Aktivität a dargestellt. Die Verteilungsfigur ist dem Grundriß

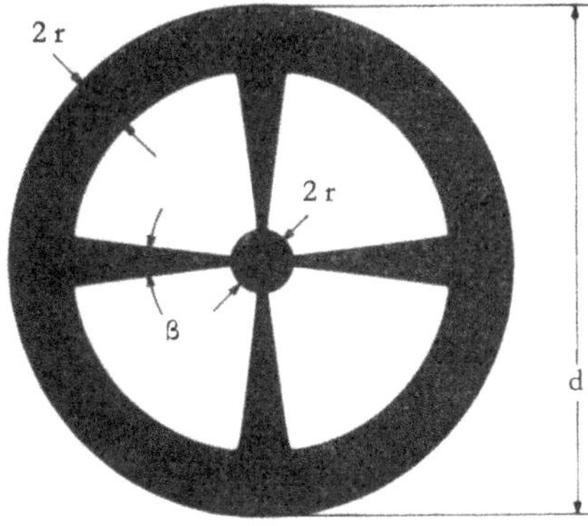

Abb. 4 Radioaktive Testfigur

eines vierspeichigen Rades ähnlich, wobei die Speichen als senkrecht zueinander stehende Kreissektoren des Öffnungswinkels $\beta = \frac{4\,r}{d}$ zu verstehen sind. Die Radnabenfläche $r^2 \pi$ steht dem in Betrachtung gezogenen Blendenkanal genau gegenüber und die Radkranzfläche der Breite 2 r besitzt den äußeren Durchmesser d, welcher der Kantenlänge der Blendeneingangsebene (Quadrat) entspricht.
Bei der zur Bestimmung des Nenners von G in (A, 23), notwendigen Integration von (A, 13) bzw. (A, 21) werden die Integrale mit zyklometrischen Integranden in Näherung berechnet. Der Zähler des Ausdruckes von G lautet einfach

$$\int_{F_1 + F_2} dE_L(\rho) = a\,q\,\mu\,\frac{r^4 \pi l}{2h^2}\,. \tag{A, 24}$$

(Die Zone F_2 ist bei der gegebenen Testverteilung nur in verschwindendem Maße mit Radioaktivität belegt und trägt daher zum »Gegenstandspunkt« nichts bei.)

Die folgenden numerischen Werte sind für das Verteilungsmuster gegeben:

$$r = 20 \cdot 10^{-3}\,\text{cm} \qquad h = 5 \cdot 10^{-1}\,\text{cm}$$
$$l = 20\,\text{cm} \qquad d = 1{,}9\,\text{cm}\,.$$

Damit ergibt sich ein Gütefaktor

$$G = 27,$$

d. h., auf 27 Szintillationen im Blendenkanal, die vom korrespondierendem »Gegenstandspunkt« herrühren, kommt eine Streuszintillation. Dieses Verhältnis ist natürlich von der jeweils vorliegenden Aktivitätsverteilung abhängig und kann sowohl zu günstigeren als auch ungünstigeren Werten tendieren.
Es ist zu vermerken, daß die überwiegende Anzahl der Streuszintillationen im unteren und eingangsnahen Teil des Blendenkanals auftreten. Obwohl die Reabsorption, d. h. die Absorption des eigenen emittierten Lichtes durch den Szintillator im allgemeinen gering ist, so ist dieser Umstand, die verstärkte Reabsorption der Streuszintillationen gegenüber denen des »Gegenstandspunktes«, jedoch im Sinne einer Verbesserung der Blendengüte zu verstehen.

V. Luminanz am Blendenausgang

Im folgenden werden für die Bestimmung der Luminanz am Blendenausgang eines Kanals nur die Szintillationen berücksichtigt, die durch Absorption von Gammastrahlung des »Gegenstandspunktes« entstehen. Wegen $h, l \gg r$ kann diese Absorptionsenergie in Näherung als die eines im ganzen parallelen Strahlenbündels betrachtet werden.

Es ist dann

$$\int_{F_1 + F_2} dE_L(\rho, z) = E_L(z) = \frac{a_m q \mu r^4 \pi}{2\,h^2}(z - h)\,, \tag{A, 25}$$

wobei z als Zylinderkoordinate zu verstehen ist und a_m als die mittlere spezifische Aktivität des »Gegenstandspunktes«. Dies ist die Gammaenergie, welche im Blendenkanal von $z = h$ bis $z = z$ absorbiert wird.

Da $\frac{dE(z)}{dz} =$ Constant ist, so ergibt sich, daß die Energieaufnahme und damit auch die Anzahl der Szintillationen und die emittierte Lichtenergie pro Raum- bzw. Längeneinheit im gesamten Blendenkanal die gleiche ist; der Szintillationszylinder leuchtet homogen.

S sei nun der Leuchtwirkungsgrad der Szintillators; die im gesamten Blendenkanal entstehende Lichtenergie wird damit

$$A_L = S E_L (l + h) = \frac{S\, a_m\, q\, \mu\, r^4 \pi l}{2\, h^2}. \qquad (A, 26)$$

Um hieraus den gesamten Lichtstrom Φ_0 in Lumen der gleichmäßig leuchtenden Zylinderstrecke zu erhalten, ist die Kenntnis des Emissionsspektrums notwendig.

Dieses sei

$$A_L = \int_0^\infty A_{L\lambda} d\lambda \text{ in } \frac{\text{erg}}{\text{sec}},$$

wobei $A_{L\lambda}$ die im Wellenlängenintervall $d\lambda$ emittierte Lichtleistung bedeutet. Sie soll außerdem als richtungsunabhängig angesehen werden, wodurch die leuchtende Zylinderstrecke als Lambertstrahler ausgewiesen ist.

Die Wahl des Szintillators und damit des passenden Emissionsspektrums richtet sich nach der spektralen Empfindlichkeitskurve der Photokathode des nachfolgenden Bildverstärkers. Beide sollen nach Möglichkeit im gleichen Wellenlängenbereich von Null verschiedene Werte und nah benachbarte Maxima besitzen.

Der gesamte Lichtstrom Φ_0 wird nun

$$\Phi_0 = C \int_0^\infty V_\lambda A_{L\lambda} d\lambda, \qquad (A, 27)$$

mit V_λ als internationalem Helligkeitsgrad, und

$$C = 680 \frac{\text{sb cm}^2 \text{ sec ster}}{\text{erg}},$$

sb = Stilb = Einheit der Luminanz.

Bei der bisherigen Betrachtung des Lichtstromes Φ_0 wurde die Anwesenheit des Blendenkanals als Hindernis für die gradlinige Ausbreitung des Lichtes unerwähnt gelassen. Wird diese jedoch berücksichtigt, so ist evident, daß der größte Teil des Lichtstromes Φ_0 durch im allgemeinen mehrfache Reflexionen an der Innenwand des Blendenkanals imstande ist, diesen an der Ausgangsfläche $r^2 \pi$ zu verlassen.

Im Falle vollkommen spiegelnder Reflexion ist dieser Teil naturgemäß die Hälfte von Φ_0. Die andere Hälfte wird in Richtung auf die radioaktive Fläche ausgestrahlt.

Man denke sich nun die gleichmäßig im Innern des Blendenkanals verteilten Szintillationen in der Achse des Kanals konzentriert und erhält so eine lineare Lichtstrecke der Länge l, welche sich im Zentrum eines reflektierenden Zylinders befindet.

Ist Φ_1 der Lichtstrom, welcher ohne Reflexion, und $(\frac{1}{2}\Phi_0 - \Phi_1) \cdot \alpha$ der Anteil, der nach Reflexion die Blendenausgangsfläche verläßt, so gilt für

$$\Phi = \frac{\alpha}{2}\Phi_0 + \Phi_1(1 - \alpha). \tag{A, 28}$$

$\alpha \leqq 1$ stellt den Reflexionsfaktor dar und Φ ist der Lichtstrom, der für eine Abbildung der Blendenausgangsfläche mittels eines Linsensystems auf die Photokathode des Bildverstärkers zur Verfügung steht.

Für die horizontale Lichtstärke der linearen Lichtstrecke ist nun der einfache Ausdruck gegeben:

$$J_0 = \frac{\Phi_0}{\pi^2} \tag{A, 29}$$

(horizontal = senkrecht zur Lichtstrecke).

Damit folgt für Φ_1 die Formel (s. Abb. 5)

$$\Phi_1 = \int\limits_{h}^{h+l} \int\limits_{0}^{2\pi} \int\limits_{0}^{\operatorname{arctg}\frac{r}{h+l-z}} \frac{J_0}{l} \sin^2 u \, du \, dz \, d\varphi, \tag{A, 30}$$

da $\frac{J_0}{l} \sin u \, dz$ die Lichtstärke eines Längenelementes dz in der Richtung u und

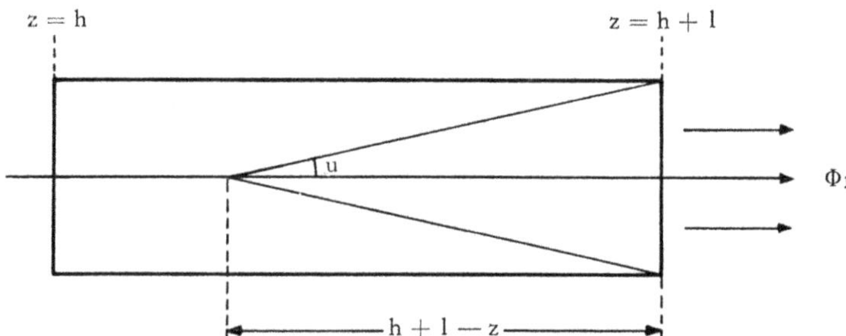

Abb. 5 Zur Bestimmung von Φ_1

$\sin u \, du \, d\varphi$ ein Raumwinkelelement darstellt.

Die einfache Integration führt zu dem Ergebnis

$$\Phi_1 = \pi J_0 \operatorname{arctg} \frac{r}{l}. \tag{A, 31}$$

Also ist

$$\Phi = \Phi_0 \left(\frac{\alpha}{2} + \frac{1 - \alpha}{\pi} \operatorname{arctg} \frac{r}{l} \right). \tag{A, 32}$$

Sieht man nun die Blendenausgangsfläche als eine diffus leuchtende Kreisscheibe an, so ist der emittierte Lichtstrom mit der Leuchtdichte B durch folgende Gleichung verbunden:

$$\Phi = \pi B f = r^2 \pi^2 B. \tag{A, 33}$$

Einsetzen von (A, 32) liefert dann die gesuchte Leuchtdichte

$$B = \Phi_0 \left(\frac{\alpha}{2 r^2 \pi^2} + \frac{1 - \alpha}{r^2 \pi^3} \operatorname{arctg} \frac{r}{l} \right). \tag{A, 34}$$

Wegen $r \ll l$ kann man auch schreiben

$$B = \Phi_0 \left(\frac{\alpha}{2 r^2 \pi^2} + \frac{1 - \alpha}{r l \pi^3} \right). \tag{A, 35}$$

B. Bildverstärker

I. Lichtstrom Φ_e, Leuchtdichte B_e und Größe der auf die Fotokathode des Bildverstärkers abgebildeten Blendenausgangsfläche $r^2\pi$

Mittels einer Sammellinse der Brennweite f und Apertur D wird die Blendenausgangsfläche $r^2\pi$ auf die ebene Photokathode des Bildverstärkers abgebildet (s. Abb. 6).

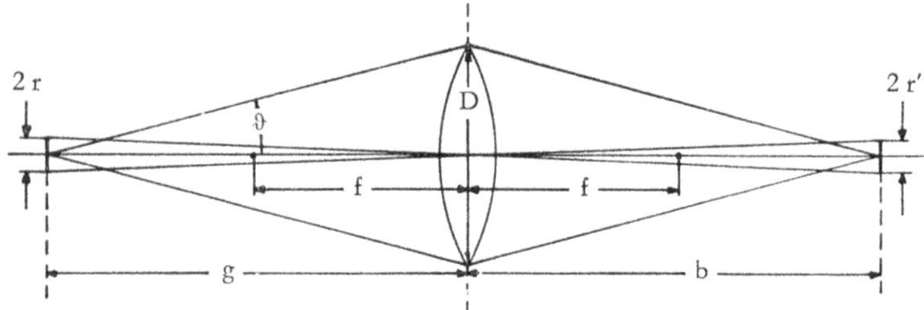

Abb. 6 Optische Abbildung auf die Photokathode des Bildverstärkers
b = Bildentfernung
g = Gegenstandsentfernung
f = Brennweite der Linse
D = Apertur der Linse

Da die Photokathode um so mehr Elektronen aus der Bildfläche entläßt und damit auch ein stärkeres Lichtsignal am Ausgang des Bildverstärkers entstehen kann, muß zur Abbildung eine Sammellinse möglichst großer Apertur Verwendung finden. Der Lichtstrom Φ', welcher von der Ausgangsfläche eines Blendenkanals auf die Linse fällt und gebrochen weitergeleitet wird, ist nämlich

$$\Phi' = \Phi \sin^2 \vartheta = r^2 \pi^2 B \sin^2 \vartheta . \qquad (B, 1)$$

Der gleiche Lichtstrom, reduziert um einen durch die Linse absorbierten und reflektierten Teil $1 - \tau$, wo $\tau \leq 1$ den Transmissionsfaktor der Linse bedeutet, regt dann auch die Photokathode in der Bildfläche $r'^2\pi$ zur Elektronenemission an. Es gilt demnach

$$\Phi_e = \tau r^2 \pi^2 \cdot B \sin^2 \vartheta = \tau r^2 \pi^2 B \frac{D^2}{D^2 + 4 g^2} . \qquad (B, 2)$$

Da die Gegenstandsweite g und auch die Brennweite aus räumlichen Gründen eine bestimmte Grenze nicht unterschreiten können und man aus den gleichen Gründen die Größe D nicht in beliebigem Maße zu vergrößern imstande ist, besitzt im allgemeinen folgende Ungleichung Gültigkeit,

$$D^2 \ll 4\,g^2. \tag{B, 3}$$

Diese Aussage ist offensichtlich gleichbedeutend mit der annähernden Gleichheit von $\sin\vartheta = \operatorname{tg}\vartheta$.

Somit ergibt sich für den einfallenden Lichtstrom

$$\Phi_e = \tau\, r^2\, \pi^2 B\, \frac{D^2}{4\,g^2}. \tag{B, 4}$$

Durch das optische Abbildungssystem kann die Leuchtdichte B bei der Bildübertragung nicht verändert werden. Nur der Lichtverlust durch Absorption und Reflexion in und an der Oberfläche der Linse bewirkt eine Reduktion der Bildleuchtdichte B_e auf die Größe

$$B_e = \tau \cdot B. \tag{B, 5}$$

Wegen der Gültigkeit von (B, 3) kann die Abbildung als in der paraxialen Zone stattfindend betrachtet werden, wo mit ausreichender Genauigkeit mit der Gleichheit von sinus, tangens und dem Wert des Winkels ϑ selber gerechnet werden kann. Unter dieser Voraussetzung ist der lineare Abbildungsmaßstab durch

$$M = \frac{b}{g} \tag{B, 6}$$

gegeben. Mit Benutzung der Linsenformel $\frac{1}{b} + \frac{1}{g} = \frac{1}{f}$ folgt sodann für den Abbildungsmaßstab

$$\frac{r'^2}{r^2} = \frac{f^2}{(g - f)^2}. \tag{B, 7}$$

II. Der Wirkungsmechanismus der Bildverstärkung

Die Photokathode des Bildverstärkers (Fa. 20th Century Electronics, London), eben und kreisförmig mit einem Durchmesser von 19 mm, wird durch eine semitransparente Antimon–Cäsium-Schicht gebildet. Ihre spektrale Empfindlichkeitskurve ist vcm S 9-Typ (internationale Bezeichnung). Auf die Photokathode fallendes Licht, dessen spektrale Energieverteilung der des emittierten Leuchtschirmlichtes am Ausgang des Bildverstärkers vom Typ P 11 in etwa entspricht, läßt bei dieser Kathode ein Optimum an Photoelektronen entstehen.

Wenn $\varepsilon_\lambda d\lambda$ die spektrale Empfindlichkeit der Photokathode in der Einheit $\mu A \cdot Lm^{-1}$ bedeutet, d. h. den elektrischen Strom in μA darstellt, der durch den Einfall eines monochromatischen Lichtstromes der Stärke 1 Lumen im Wellenlängenbereich λ bis $\lambda + d\lambda$ auf die bestrahlte Fläche der Photokathode dort ausgelöst wird, so gilt für den von der Fläche $r'^2\pi$ emittierten Photoelektronenstrom

$$I = C\,\frac{\tau \cdot D^2}{4\,g^2}\left(\frac{\alpha}{2} + \frac{1-\alpha}{\pi l}\,r\right) \cdot \int_0^\infty V_\lambda\, \varepsilon_\lambda\, A_{L\lambda}\, d\lambda. \tag{B, 8}$$

Dieser Strom I entspricht einer bestimmten Anzahl N von Elektronen, die mit statistisch verteilten Anfangsgeschwindigkeiten und Austrittsrichtungen die Photokathode verlassen.
Im Abstand s von der Photokathode befindet sich eine zu dieser planparallele Elektrode, Dynode genannt; von gleicher geometrischer Gestalt wie diese und mit gemeinsamer Mittelachse. Bei Anlegen einer elektrischen Gleichspannung U_D an Photokathode und Dynode mit positivem Pol an letzterer werden alle Photoelektronen durch die elektrische Kraft

$$K_e = e \frac{U_D}{s}, \qquad (B, 9)$$

ihren jeweiligen Anfangsgeschwindigkeiten und Austrittsrichtungen entsprechend auf verschiedenen Parabelkurven zur Dynode gelangen,

K_e in Dyn $= 10^5$ dyn	$e = 1.6\,02 \cdot 10^{-19}$ Coul
U_D in Volt	s in Meter.

Die von $r'^2\pi$ ausgehenden Elektronenbahnen werden also durch die Wirkung der elektrischen Kraft sowie der Trägheit der Elektronenmassen aufgefächert. Die defokussierende Funktion des elektrischen Feldes kann durch eine zu K_e senkrecht verlaufende Lorentzkraft kompensiert werden. Diese lautet:

$$K_m = 10^{-4}\, e\, v_{tr} H. \qquad (B, 10)$$

Hierin bedeuten:

v_{tr} = transversale Geschwindigkeitskomponente eines Elektrons, d. h. Geschwindigkeit senkrecht zur Mittelachse in m sec^{-1},

H = magnetische Feldstärke in Gauss.

Die Lorentzkraft bewirkt nämlich, daß jedes Photoelektron neben der beschleunigten Bewegung in Richtung der Flächennormalen seiner Austrittsebene (longitudinale Beschleunigung) eine hierzu senkrechte Kreisbewegung ausführt, deren Bahn nach einer bestimmten Zeit T die Flächennormale erstmalig tangiert. Befindet sich an dieser Stelle die Dynode, so ist eine punktmäßige Fokussierung für alle Elektronen, die von Punkten der Fläche $r'^2\pi$ auf der Photokathode emittiert wurden, erreicht; denn die Umlaufszeit nT (n = positive ganze Zahl, gültig bei mehrmaligem Kreisumlauf) ist unabhängig von der Größe der transversalen Anfangsgeschwindigkeit und Austrittsrichtung, sofern man die longitudinale Anfangsgeschwindigkeit als verschwindend klein betrachtet.
Nach einfacher Rechnung ergibt sich für die longitudinale Feldstärke H, die eine punkt- und damit auch flächengetreue Fokussierung im Abstand s von der Photckathode gestattet,

$$H = n \frac{\sqrt{U_D}\, 10^4}{s} \sqrt{\frac{2\pi^2 m}{e}}. \qquad (B, 11)$$

Aus bestimmten Gründen wählt man für die Strecke Photokathode–1. Dynode $n = 2$. Es folgt schließlich nach Einsetzen der Werte für ein Elektron

$$H = 0{,}21 \cdot \frac{\sqrt{U_D}}{s}. \qquad (B, 12)$$

Die Dynode besteht aus einer anodisch hergestellten und ebenen Aluminiumoxydfolie von ca. 500 Å Dicke und einem darauf aufgedampften dünnen Film von Kaliumchlorid, dessen Stärke in der Größenordnung 100 Å liegt.
Die Dynodenspannung U_D und damit die Energie der Elektronen ist nun so bemessen, daß die Wahrscheinlichkeit des Entweichens an der Austrittsseite der Dynode für die zunächst in die Al_2O_3-Schicht eindringenden und abgebremsten Primärelektronen sehr gering wird. Hingegen erhöht sich durch die verstärkte Energieabsorption der Primärelektronen im Aluminiumoxyd und besonders in der KCl-Schicht die Anzahl der erzeugten Sekundärelektronen. Diese können dann bei Anlegen eines geeigneten elektrischen Feldes die Dynode an der Austrittsseite in Transmission verlassen. Im Mittel werden bei einer Dynodenspannung $U_D = 4500$ Volt auf ein Primärelektron vier Sekundärelektronen gerechnet werden können.
Um diesen Faktor erscheinen der Strom und wegen der gleichbleibenden Stromquerschnittsfläche auch die Dichte am Ausgang der 1. Dynode verstärkt. Zur weiteren Stromverstärkung sind nun vier Dynoden von derselben Art wie die erste auf gleicher Mittelachse hintereinandergeschaltet. Dabei wurde aus Gründen einer Verbesserung des Auflösungsvermögens der gegenseitige Abstand der Dynoden um den Faktor 2 verkürzt. Die Elektronen werden demnach in diesen Bereichen nur einen durch die gleichbleibende magnetische Feldstärke bewirkten Kreisumlauf durchführen ($n = 1$).
Nach Durchtritt der letzten Dynode ist der Strom auf $4^5 \cdot I$ angestiegen. Die 1024 N Elektronen werden in der letzten Stufe nochmals beschleunigt und nach dem gleichen Fokussierungsmechanismus wie zwischen Fotokathode und 1. Dynode (zwei Kreisumläufe) auf der Fläche $r'^2\pi$ des Leuchtschirms P 11 vereinigt. Der hier emittierte Lichtstrom Φ_a ist dann

$$\Phi_a = 2 \cdot 10^4 \cdot \Phi_e. \qquad (B, 13)$$

Es sei erwähnt, daß sowohl durch mangelnde Planparallelität der einzelnen Dynoden, Außerachtlassung der longitudinalen Austrittsgeschwindigkeiten der Elektronen und auch durch den Erzeugungsmechanismus der Sekundärelektronen die Lichteintrittsfläche $r'^2\pi$ auf der Photokathode im Leuchtschirmbild im allgemeinen vergrößert erscheint.
Die Feldstärke H wird durch eine Zylinderspule geliefert, die aus thermischen Gründen aus 20 auf gleicher Mittelachse hintereinander geschalteten Teilspulen aufgebaut ist. Der longitudinale Abstand zwischen den einzelnen Spulen ist im Verhältnis zu deren mittlerem Durchmesser so gering, daß die Feldstärke im Innenbereich, wo der Bildverstärker zentrisch gelagert ist, in ausreichendem Maße als konstant betrachtet werden kann. Ein starkes Kupferrohr im Innern der

Abb. 7 und 8 Teilansichten der Bildverstärkeranlage

Spule dient sowohl zur mechanischen Stabilisierung der Teilspulen als auch in Verbindung mit zwei eng auf ihm sitzender Kühlwasserdurchflußtanks zur Kühlung der Photokathode. Ein Spulenstrom von 166 mA, geliefert von einem stromstabilisierten Netzgerät bei ca. 300 Volt Spannung, ergibt die notwendige Fokussierungsfeldstärke der ungefähren Größe 200 Gauß.
Eine netzgespeiste Kaskadenhochspannungsanlage von 35 kV, deren Welligkeit $3 \cdot 10^{-4}$ beträgt, ist der Erzeuger der Dynodenspannungen. Es ist wichtig, daß der Hochspannungsgenerator bei In- und Außerbetriebnahme des Bildverstärkers eine kontinuierliche Regelung auf die Arbeitsspannung 30 kV bzw. Null gestattet. Die mit Spannungsimpulsen auftretenden mechanischen Kräfte beeinträchtigen nämlich die Festigkeit der Dynoden und können diese zerstören. Durch Zwischenschaltung eines regulierbaren Hochspannungsteilers werden die notwendigen Potentialdifferenzen den Dynoden zugeführt.
Das Bild auf dem Leuchtschirm des Bildverstärkers kann mittels einer Fernrohrlupe visuell beobachtet oder mit einer Kameralinse, welche optimale Erfassung des Lichtstromes Φ_a gestattet, und einem höchstempfindlichen Film photographiert werden.

III. Funktionsprüfung des Bildverstärkers

Das auf der Photokathode des Bildverstärkers projizierte Testbild eines Netzes von horizontalen und vertikalen Linien geringer Maschenweite wurde mittels Fernrohrlupe auf dem Leuchtschirm des Bildverstärkers visuell beobachtet und außerdem auf einem hochempfindlichen Film von 32° DIN photographisch registriert. Die Leuchtdichte des unverstärkten Bildes war dabei so gering, daß es auch nach halbstündiger Dunkeladaption vom Auge nicht wahrgenommen werden konnte. Dieses Bild wurde nun anstatt auf die Photokathode des Bildverstärkers auf eine bezüglich ihrer Lichtdurchlässigkeit der Vorschicht der Photokathode ähnlichen semitransparenten Fläche projiziert. Eine Scharfeinstellung war möglich, da die Leuchtdichte des Liniennetzes nach höheren Werten hin, die das Bild dem Auge sichtbar machten, variiert werden konnte. Unter den gleichen photographischen Verhältnissen wie bei der Aufnahme des Leuchtschirmbildes wurde nun das Bild in der semitransparenten Fläche auf einen Film gleicher Empfindlichkeit abgebildet. Erst eine Belichtungszeit von 132 Stunden ließ nach sorgfältigst durchgeführter Entwicklung ein sehr schwaches Netzlinienbild erkennen.
Es ist nicht ohne weiteres möglich, aus vergleichenden Schwärzungsmessungen quantitative Schlüsse in Richtung auf den Wert der Lichtverstärkung von $2 \cdot 10^4$ zu ziehen. Das Bunsen-Roscoesche Gesetz (Reziprozitätsgesetz) ist hier nicht mehr erfüllt; außerdem gelangt man bei derartig geringen Leuchtdichten nicht in den linearen Teil der für die Filmemulsion charakteristischen Schwärzungskurve, wie sie bei Gültigkeit des Bunsen-Roscoeschen Gesetzes in Abhängigkeit von der Belichtung in Lux · sec erhalten wird. So ist z. B. schon bei einer notwendigen Belichtungszeit von einer Stunde, um eine vorgeschriebene Schwärzung zu er-

halten, eine fünffache Belichtung notwendig gegenüber der, welche bei einer Belichtungszeit von einer Zehntelsekunde zur Erlangung der gleichen Schwärzung ausreicht. Bei extrem kleinen Leuchtdichten des aufzunehmenden Gegenstandes kann sogar die Möglichkeit gegeben sein, daß dieser auch bei praktisch unendlich langer Belichtungszeit nicht auf einem Film aufgezeichnet werden kann. Dieser Fall tritt ein, wenn das latente Bild Gelegenheit hat, sich bis zu einem Gleichgewichtswert zurückzubilden, welcher noch unter einem durch die Güte der Entwicklung bedingten Schwellwert der Sichtbarmachung liegt.

Eine Näherungsrechnung wurde durchgeführt, indem die Gültigkeit des empirischen Gesetzes von Schwarzschild, welches bei astronomischen Aufnahmen mit Belichtungszeiten von mehreren Stunden Benutzung findet, angenommen wird. Danach ist die effektive Belichtung bei schwachleuchtenden Gegenständen durch den Ausdruck

$$L \cdot t^p$$

gegeben; mit L als Beleuchtungsstärke, t der Belichtungszeit und p als Exponent der ungefähren Größe 0,8. Diese Rechnung führte zu einem Wert der Lichtverstärkung, welcher in der Größenordnung dem angegebenen Wert $2 \cdot 10^4$ entsprach.

Schlußbemerkung

Es wurden die theoretischen und experimentellen Gegebenheiten einer physikalischen Bildverstärkeranlage beschrieben. Eine wirklichkeitsnahe Anwendung im biologisch-medizinischen Bereich, wie sie am gefäßkranken Menschen gegeben und besonders erwünscht wäre, kann vorerst nur als ein Fernziel unserer Bestrebungen angesehen werden.

Besonders die durch den kommerziellen Bildverstärker begrenzte Größe des Untersuchungsfeldes von 19 mm Querschnittsbreite zeigt, daß es uns in erster Linie nur darauf ankommen kann, den durch befriedigende Ergebnisse der Modellapparatur gewiesenen Weg als richtig erkennen zu lassen. Hierzu stehen noch einige Versuche aus, über deren Ergebnisse zu gegebener Zeit berichtet werden wird.

Prof. Dr. med. Dr. rer. nat. h. c. Dr. med. h. c. Hugo Wilhelm Knipping
Dr. rer. nat. Leo Priebe
Privatdozent Dr. med. Hans Schlüssel

Literaturverzeichnis

Braddick, H. J. J., Die Physik des experimentellen Arbeitens, VEB Deutscher Verlag der Wissenschaften, Berlin 1959.

Fucks, W., G. Schumacher und A. Scheidweiler, Bildliche Darstellung der Verteilung und der Bewegung von radioaktiven Substanzen im Raum, insbesondere in biologischen Objekten, Physikalischer Teil. Arbeitsgemeinschaft für Forschung des Landes Nordrhein-Westfalen, Heft 66.

Knipping, H. W., und E. Liese, Bildgebung von Radioisotopenelementen im Raum bei bewegten Objekten (Herz, Lunge etc.), Med. Teil, Heft 66.

Kellershohn, C., und P. Pellerin, Sur la possibilité d'utiliser un tube amplificateur d'image pour mettre en évidence la localisation et la distribution d'un corps radioactif, Comptes Rendus des séances de la société de biologie, 1955, page 533.

Wachtel, M. M., D. D. Doughty und A. E. Anderson, The transmission secondary emission image intensifier, Image Intensifier Symposium october 6–7, 1958, U. S. army research and development laboratories corps of engineers, 1958, 33.

FORSCHUNGSBERICHTE DES LANDES NORDRHEIN-WESTFALEN

Herausgegeben im Auftrage des Ministerpräsidenten Dr. Franz Meyers von Staatssekretär Prof. Dr. h. c. Dr.-Ing. E. h. Leo Brandt

MEDIZIN · PHARMAKOLOGIE

HEFT 84
Dr. med. habil. Dr. phil. Heinz Baron, Düsseldorf
Über Standardisierung von Wundtextilien
1954. 19 Seiten. DM 6,40

HEFT 94
Prof. Dr. phil. habil. G. Winter, Bonn
Die Heilpflanzen des MATTHIOLUS (1611) gegen Infektionen der Harnwege und Verunreinigung der Wunden bzw. zur Förderung der Wundheilung im Lichte der Antibiotikaforschung
1954. 58 Seiten, 1 Abb., 2 Tabellen. DM 11,50

HEFT 95
Prof. Dr. phil. habil. G. Winter, Bonn
Untersuchungen über die flüchtigen Antibiotika aus der Kapuziner- (Tropaeolum maius) und Gartenkresse (Lepidium sativum) und ihr Verhalten im menschlichen Körper bei Aufnahme von Kapuziner- bzw. Gartenkressensalat per os
1955. 74 Seiten, 9 Abb., 25 Tabellen. DM 14,—

HEFT 146
Dr.-Ing. F. Gruß, Düsseldorf
Sterilisation mit Heißluft
1955. 18 Seiten, 10 Abb. DM 7,70

HEFT 221
Dr. rer. nat. W. Meyer-Eppler, Institut für Phonetik und Kommunikationsforschung der Universität Bonn
Experimentelle Untersuchungen zum Mechanismus von Stimme und Gehör in der lautsprachlichen Kommunikation
1955. 41 Seiten, 24 Abb. DM 13,45

HEFT 237
Dr. med. Paul Endler und Dr. med. H. Ludes, Köln
Bericht über eine Studienreise zur Orientierung der heutigen Behandlung der Lungentuberkulose in den Vereinigten Staaten von Nordamerika
1956. 21 Seiten. DM 7,10

HEFT 257
Prof. Dr. med. Gunther Lehmann und Dr. med. J. Tamm, Max-Planck-Institut für Arbeitsphysiologie Dortmund
Die Beeinflussung vegetativer Funktionen des Menschen durch Geräusche
1956. 37 Seiten, 25 Abb., 3 Tabellen. Vergriffen

HEFT 258
Dr. med. Helmut Paul und Prof. Dr. Otto Graf, Sozialforschungsstelle an der Universität Münster, Dortmund
Zur Frage der Unfälle im Bergbau
1956. 41 Seiten, 9 Abb., 22 Tabellen. DM 11,20

HEFT 300
Prof. Dr. Erich Schütz und Privatdozent Dr. Heinz Caspers, Physiologisches Institut der Universität Münster
Tierexperimentelle Untersuchungen über die Alkoholwirkung auf Erregbarkeit und bioelektrische Spontanaktivität der Hirnrinde
1956. 32 Seiten, 6 Abb., 1 Tabelle. DM 9,55

HEFT 306
Prof. Dr. Bernhard Rensch, Münster
Elektrophysiologische Untersuchungen zur Analysierung der Bildung von Assoziationen und Gedächtnisspuren in Gehirn und Rückenmark
Prof. Dr. med. Dr. phil. Arnold Loeser, Münster
Akute und chronische Giftwirkungen sauerstoffhaltiger Lösungsmittel
1956. 23 Seiten, 9 Abb. DM 9,90

HEFT 325
Prof. Dr. phil. Eduard Schratz, Botanisches Institut Abt. Pharmazeutische Botanik der Universität Münster
Pharmakognostische Untersuchungen am Medizinal-Rhabarber
1957. 62 Seiten, 29 Abb., 3 Tabellen. DM 17,90

HEFT 347
Prof. Dr. med. Siegfried Ruff, Dr. med. Friedrich Kipp, Dr. med. Harald Hansteen und Dipl.-Physiologe Dr. med. Gerhard Müller, Bonn
Untersuchungen zur Frage der Gehörschädigung des fliegenden Personals der Propellerflugzeuge
1957. 42 Seiten, 27 Abb., 3 Tabellen. DM 11,10

HEFT 359
Dr.-Ing. Franz Josef Meister, Düsseldorf
Veränderung der Hörschärfe, Lautheitsempfindung und Sprachaufnahme während des Arbeitsprozesses bei Lärmarbeiten
1957. 74 Seiten, 11 Abb., 40 Audiogramme, zahlreiche Tabellen. DM 19,90

HEFT 371
Dr. phil. Wilhelm Lejeune, Köln
Beitrag zur statistischen Verifikation der Minderheiten-Theorie
1958. 90 Seiten, 14 Abb. DM 19,90

HEFT 387
Prof. Dr. med. Walter Kikuth und Dozent Dr. med. Ludwig Grün, Düsseldorf
Die Verhütung von Infektion durch Desinfektion des Raumes und der Raumluft
1957. 84 Seiten, 14 Abb., 20 Tabellen. DM 22,50

HEFT 394
Privatdozent Dr. med. Wilhelm Koch, Oberarzt der Orthopädischen Universitätsklinik und Poliklinik (Hufferstiftung) Münster
Direktor: Prof. Dr. med. O. Hepp
Die Ablagerung radioaktiver Substanzen im Knochen *1958. 188 Seiten, 147 Abb. DM 51,—*

HEFT 414
Dr. med. Heinz Karl Parchwitz und Dr. med. Cuno Winkler, Chirurgische Universitätsklinik und Poliklinik Bonn
Direktor: Prof. Dr. Alfred Gütgemann
Speicherung organischer Farbstoffe und künstlich radioaktiver Substanzen in Geschwülsten
1957. 34 Seiten, 14 Abb. DM 13,35

HEFT 416
Oberregierungsgewerberat Dipl.-Ing. Gerd Steinicke, Hamburg
Die Wirkung von Lärm auf den Schlaf des Menschen
1957. 34 Seiten, 14 Abb., 8 Tabellen. DM 11,60

HEFT 446
Dr. med. Gerhard Schäfer, Bonn
Glutationsstoffwechsel und Sauerstoffmangel
1957. 18 Seiten, 5 Tabellen. DM 6,40

HEFT 448
Dr. med. Cuno Winkler, Isotopen-Laboratorium der Chirurgischen Universitätsklinik Bonn
Ein Koinzidenz-Szintillometer zum Zwecke der Schilddrüsenfunktionsdiagnostik und der Tumordiagnostik *1957. 20 Seiten, 12 Abb. DM 8,35*

HEFT 467
Prof. Dr. Dr. h. c. E. Klenk und Dr. phil. Hans Faillard, Physiologisch-Chemisches Institut der Universität Köln
Neue Erkenntnisse über den Mechanismus der Zellinfektion durch Influenzavirus
Die Bedeutung der Neuraminsäure als Zellreceptor für das Influenzavirus
1957. 40 Seiten, 5 Abb. DM 14,40

HEFT 468
Prof. Dr. med. Dr. med. dent. Gustav Korkhaus und Dr. med. dent. Rudolf Alfter, Bonn
Die Vakuumwurzelbehandlung
1958. 48 Seiten, 60 Abb. DM 16,55

HEFT 486
Dozent Dr. med. Eberhard Lerche und Dr. med. Jost Schulze, Aachen
Hörermüdung und Adaptation im Tierexperiment
1958. 31 Seiten, 12 Abb. DM 10,55

HEFT 490
Im Auftrage der Forschungsgemeinschaft »Staub- und Silikosebekämpfung«
Zur Staub- und Silikosebekämpfung im Steinkohlenbergbau
1958. 90 Seiten, 47 Abb., 7 Tabellen. Vergriffen

HEFT 497
Oberarzt Dr. med. Gunter Mussgnug, Chirurgische Abteilung des Knappschafts-Krankenhauses Bottrop/Westf.
Direktor: Prof. Dr. med. Blumensaat
Die Knochenveränderungen und der Knochenstoffwechsel beim Sudeck-Syndrom
1957. 46 Seiten, 18 Abb. DM 13,85

HEFT 517
Prof. Dr. med. Gunther Lehmann und Dr. med. Joachim Meyer-Delius, Max-Planck-Institut für Arbeitsphysiologie, Dortmund
Gefäßreaktionen der Körperperipherie bei Schalleinwirkung
1958. 24 Seiten, 12 Abb., 2 Tabellen. DM 9,15

HEFT 530
Prof. Dr. med. Otto Graf, Dr. R. Pirtkien, Dr. Dr. Joseph Rutenfranz und Dr. E. Ulich, Dortmund
Nervöse Belastung im Betrieb. I. Teil: Nachtarbeit und nervöse Belastung
1958. 52 Seiten, 10 Abb. Vergriffen

HEFT 538
Prof. Dr. Karl Hinsberg, Düsseldorf
Reaktion zur Frühdiagnose von Krebserkrankungen
1958. 14 Seiten, 1 Abb., 3 Tabellen. DM 7,—

HEFT 555
Dipl.-Phys. Karl Sellier,
Der Nachweis kleinster CO-Mengen in Körperflüssigkeiten
Aus dem Institut für Gerichtliche Medizin der Universität Bonn, Direktor: Prof. Dr. med. H. Elbel
1958. 22 Seiten, 12 Abb. DM 9,10

HEFT 556
Prof. Dr. Adolf Gütgemann und
Dr med. Gunther Karcher
Klinische und experimentelle Untersuchungen mit Hilfe einer künstlichen Niere
1958. 14 Seiten, 4 Abb. DM 7,10

HEFT 560
Prof. Dr. med. Josef Vonkennel und
Dr. Günther Froitzheim, Universitäts-Hautklinik, Köln
Zur Prüfung silikohaltiger Hautschutzsalben
1958. 22 Seiten, 4 Tabellen. DM 8,95

HEFT 571
Privatdozent Dr. med. Werner Klosterkötter, Münster
Zur Wirkung der Kieselsäure bei der Entstehung der Silikose
1958. 152 Seiten, 96 Abb., 7 Tabellen. DM 41,95

HEFT 577
Prof. Dr. med. Siegfried Ruff, Dr. med. Kurt Krieger, Dr. med. Gerhard Schäfer, Dr. med. Wolfgang Hartwich, Bonn, Dr. med. Otto Wünsche, Bad Godesberg, Dr. med. Hans Braun und Dr. med. Harald Hansteen, Bonn
Untersuchungen zur therapeutischen Anwendung des Sauerstoffmangels. 1. Mitteilung
1958. 118 Seiten, 30 Abb., 8 Tabellen. DM 29,10

HEFT 581
Obermedizinalrat a. D. Dr. med. Friedrich Bassermann, Chefarzt der Heilstätte Donaustauf bei Regensburg. Aus dem Westdeutschen Tuberkulose-Forschungsinstitut an dem Sanatorium Rheinland, Honnef am Rhein
Leiter: Medizinalrat Dr. W. Ohm
Elektronenoptische Untersuchungen an Ultradünnschnitten des Tuberkulose-Erregers sowie der käsigen Gewebsnekrose und zum Problem des Vorkommens einer mycobakteriellen L-Phase
1958. 64 Seiten, 28 Abb. DM 18,90

HEFT 619
Prof. Dr. med. Otto Graf und
Dr. med. Dr. phil. Joseph Rutenfranz, Max-Planck-Institut für Arbeitsphysiologie, Dortmund
Zur Frage der Belastung von Jugendlichen
1958. 66 Seiten, 18 Abb., 12 Tabellen. DM 16,50

HEFT 626
Deutsches Krankenhaus-Institut e. V., Düsseldorf
Arbeitsabläufe auf Krankenstationen
1959. 264 Seiten, 59 Abb., 24 Tabellen. Vergriffen

HEFT 635
Dr.-Ing. Dieter Dieckmann, Max-Planck-Institut für Arbeitsphysiologie, Dortmund
Direktor: Prof. Dr. med. Gunther Lehmann
Die Minderung der Schwingungsbelastung des Menschen in Kraftfahrzeugen
1958. 24 Seiten, 8 Abb., 1 Tabelle. DM 7,90

HEFT 679
Aus der chirurgischen Universitätsklinik Köln.
Direktor: Prof. Dr. med. Victor Hoffmann, und der Arbeits- und Forschungsgemeinschaft für Stadtverkehr und Verkehrssicherheit Prof. Dr. Dr. Paul Berkenkopf.
Bearbeiter: Gernot Büttner
Die Verletzung von Autoinsassen. Ihre Entstehung und Verhütung
I. und II. Teil
1959. 393 Seiten, 180 Abb., 59 Tabellen. DM 66,—

HEFT 736
Dr. med. Walter Teusch, Leitender Arzt der Inneren Abteilung des St.-Michael-Krankenhauses Völklingen/Saar
Behebung der Störungen vitaler Lebensvorgänge und ihrer Folgestörungen
1959. 30 Seiten. DM 8,50

HEFT 855
Prof. Dr. Jörn Gleiss, Kinderklinik Medizinische Akademie, Düsseldorf
Soziologische Untersuchungen über die Säuglingssterblichkeit im Ruhrgebiet
1960. 31 Seiten, 5 Abb., 13 Tabellen. DM 9,90

HEFT 856
Prof. Dr. Heinrich Reploh, Dr. Günther Gängel und Dr. Alexander Nehrkorn, Hygiene-Institut der Universität Münster
Untersuchungen über den Einfluß von Abwasser-Organismen auf Krankheitserreger
1960. 26 Seiten, 11 Abb., 11 Tabellen. DM 8,60

HEFT 860
Prof. Dr. med. Dr.-Ing. Wilhelm Dirscherl und Privatdozent Dr. rer. nat. Karl-Oskar Mosebach, Physiologisch-chemisches Institut der Universität Bonn
Untersuchungen über die Wirkungsweise der Steroidhormone und den Umsatz der Organproteine
1960. 20 Seiten, 4 Abb., 3 Tabellen. DM 7,—

HEFT 899
Dr.-Ing. Franz Josef Meister, Akustisches Laboratorium in der Medizinischen Akademie Düsseldorf
Aufzeichnung und Schallanalyse von Herzimpulsen mit Anwendungsbeispielen der Wirkung von Schallschocks auf den Menschen
1960. 39 Seiten, 21 Abb. DM 13,50

HEFT 992
Prof. Dr. Siegfried Niedermeier, Chefarzt der Augenklinik der Städtischen Krankenanstalten, Krefeld
Verfeinerung der Technik der Netzhautoperation
1961. 22 Seiten, 10 Abb. DM 7,90

HEFT 996
Dozent Dr. Martin Zindler, Chirurgische Klinik der Medizinischen Akademie, Düsseldorf
Direktor: Prof. Dr. Ernst Derra
Künstliche Hypothermie für Herzoperationen mit Kreislaufunterbrechung Teil I
1961. 82 Seiten, 17 Abb., 6 Tabellen. DM 24,40

HEFT 1001
Dipl.-Phys. Günther Langner, Institut für Elektronenmikroskopie an der Medizinischen Akademie Düsseldorf
Direktor: Prof. Dr. med. H. Ruska
Die Informationsübertragung bei der Mikroskopie mit Röntgenstrahlen
1961. 125 Seiten, 25 Abb. DM 37,—

HEFT 1019
Prof. Dr. med. habil. Kurt Herzog, Chefarzt der Chirurgischen Klinik der Städtischen Krankenanstalten Krefeld
Zur Methodik der fortlaufenden graphischen Registrierung von Bewegungen der Gliedmaßengelenke des Menschen
1961. 59 Seiten, 26 Abb. DM 19,—

HEFT 1032
Prof. Dr. med. Wilhelm Bolt, Medizinische Universitätsklinik, Köln-Lindenthal
Lungenangiographie
1961. 40 Seiten, 30 Abb. DM 17,20

HEFT 1040
Dr. med. Ursula Dix, Augenklinik der Medizinischen Akademie Düsseldorf
Direktor: Prof. Dr. E. Custodis
Zur Frage der medikamentösen Verbesserung des nächtlichen Sehens
1962. 80 Seiten, 40 Abb. DM 26,50

HEFT 1049
Prof. Dr. med. Ludwig Grün, Medizinische Akademie, Düsseldorf
Die biochemischen Eigenschaften der Staphylokokken im Hinblick auf die Pathogenitätsbestimmung und Differenzierung der Keime zur Erkennung des Staphylokokken-Hospitalismus
1911. 61 Seiten. DM 19,50

HEFT 1080
Prof.-Ing. Ludolf Engel, Bergakademie Clausthal-Zellerfeld
Theorie der handgeführten schlagenden Druckluftwerkzeuge und experimentelle Untersuchungen insbesondere an Abbauhämmern im normalen und abnormalen Betrieb
1962. 86 Seiten, 53 Abb., 4 Tabellen. DM 39,—

HEFT 1103
Prof. Dr. med. Helmut Venrath, Dr. med. Paul Endler, Dr. med. Marta Pirlet, Dr. med. Karl Heinz Trippe und Günter Sander, VDI, Medizinische Universitätsklinik Köln
Direktor: Prof. Dr. med. Dr.-Ing. h.c., Dr. med. h.c. H. W. Knipping
Über eine neue Methode der regionalen Ventilationsanalyse mit Hilfe des radioaktiven Edelgases Xenon 133. (Isotopenthorakographie)
1962. 99 Seiten, 82 Abb., 6 Tabellen. DM 39,40

HEFT 1123
Prof. Dr. med. Dr. phil. Leo Norpoth, Dr. Theo Surmann unter Mitarbeit von Josef Clösges, Karl Tenderich, Wilhelm Oberwittler und Maria Schulze, Medizinische Abteilung des Elisabeth-Krankenhauses Essen
Bioptische, bio- und fermentchemische Magenuntersuchungen
1962. 60 Seiten, 18 Abb., 23 Tabellen, 1 Faltblatt. DM 26,—

HEFT 1130
Prof. Dr. Hans Maier-Bode, Pharmakologisches Institut der Rheinischen Friedrich-Wilhelm-Universität Bonn
Direktor: Prof. Dr. R. Domenjoz
Untersuchungen zur Frage nach einer etwaigen Aufnahme von Dieldrin aus Dieldrin-imprägnierter Wolle in den menschlichen Organismus
1962. 23 Seiten, 7 Tabellen. DM 10,80

HEFT 1161
Dozent Dr. med. Oberdorf, Pharmakologisches Institut der Medizinischen Akademie Düsseldorf
Direktor: Prof. Dr. med. Fritz Hahn
Zur Pharmakologie des Bemegrid
Zugleich ein Beitrag zur Behandlung der Schlafmittelvergiftung
1963. 69 Seiten, 10 Abb., 10 Tabellen. DM 32,80

HEFT 1174
Deutsches Krankenhausinstitut e. V., Düsseldorf
Strahlenuntersuchungen und Strahlenbehandlungen — Organisation und Arbeitsablaufgestaltung in Strahlenabteilungen Allgemeiner Krankenhäuser
1963. 172 Seiten, 28 Abb., 29 Tabellen. DM 85,50

HEFT 1209
Prof. Dr. med. Rudolf Völker apl. Professor für Innere Medizin der Universität Göttingen, Ärztl. Direktor des Städt. Krankenhauses Bad Oeynhausen
I. Die Früherkennung der Herz- und Gefäßkrankheiten
II. Methodische Verbesserungen zur Funktionsdiagnostik cardiovasculärer Erkrankungen
1963. 40 Seiten, 25 Abb. DM 24,80

HEFT 1210
Dr. med. Elmar Schnepper, Chirurgische Klinik und Poliklinik der Universität Münster
Direktor: Prof. Dr. med. P. Sunder-Plassmann
Vergleichende experimentelle und klinische Untersuchungen von 60 Co-γ-Strahlen und 200 kV-Röntgenstrahlen
1963. 191 Seiten, 135 Abb., 17 Tabellen. DM 116,—

HEFT 1273
Prof. Dr. med. Bernhard Lüderitz und Dr. med. Walter Noder, Bäderwissenschaftliches Institut des Staatsbades Salzuflen an der Universität Münster in Bad Salzuflen
Über die Wirkung von Bädern mit verschiedenem Kochsalz- und CO_2-Gehalt auf Gesunde und Kranke mit Funktionsstörungen des kardio-pulmonalen Systems
1964. 48 Seiten, 4 Tabellen, 18 Diagramme. DM 22,70

HEFT 1340
Walter Pribilla, Medizinische Klinik der Städtischen Krankenanstalten Köln-Merheim
Direktor: Prof. Dr. H. Schulten
Erythrokinetik
Untersuchungen über die Destruktion und Produktion der Erythrozyten mit Cr 51 und Fe 59
1964. 90 Seiten, 27 Abb., 6 Tabellen. DM 46,—

HEFT 1376
Dr. med. Kurt Simon, Aprath/Rhld., Chefarzt der Kinderheilstätte Fachkrankenhaus für Atmungsorgane Aprath
Frequenzanalysen der Herztöne mit einem Herztonspektrographen
Dipl.-Ing. G. Kosel, Institut für Hochfrequenztechnik der Gesellschaft der astrophysikalischen Forschung e. V., Rolandseck
Elektronischer Herztonspektrograph
1965. 95 Seiten, 35 Abb., 14 Tabellen. DM 57,50

HEFT 1393
Prof. Dr. med. Jörn Gleiss, Kinderklinik der Medizinischen Akademie, Düsseldorf
Direktor: Prof. Dr. med. Karl Klinke
Zur Analyse teratogener Faktoren mit besonderer Berücksichtigung der Thalidomid-Embryopathie
1964. 138 Seiten, 1 Abb., 72 Tabellen. DM 33,40

HEFT 1417
Priv.-Dozent Dr. med. Hans Schlüssel, Medizinische Universitätsklinik Köln-Lindenthal
Direktor: Prof. Dr. Dr. Dr. med. H. W. Knipping
Die Klärreaktion
(Prüfung mit radioaktiven Markierungssubstanzen)
1964. 42 Seiten, 18 Abb., 8 Tabellen. DM 27,40

HEFT 1423
Priv.-Doz. Dr. med. Egon Wetzels, I. Medizinische Klinik der Medizinischen Akademie, Düsseldorf
Einzelfunktionen der Niere beim akuten Nierenversagen
1964. 90 Seiten, 25 Abb., 14 Tabellen. DM 42,80

HEFT 1426
Dr. med. Jürgen Stegemann, Max-Planck-Institut für Arbeitsphysiologie, Dortmund
Der Einfluß künstlicher Beatmung auf den arteriellen Kohlendioxyddruck, das arterielle pH und die Stoffwechselgröße
1964. 54 Seiten, 15 Abb., 2 Tabellen. DM 25,50

HEFT 1445
Dr. med. Wolfgang Keller, Max-Planck-Institut für Ernährungsphysiologie, Dortmund
Studie zur Ernährung bei zwei Stämmen in Nord-Tanganyika
1965. 49 Seiten, 8 Abb., 8 Tabellen, 8 Seiten Anhang. DM 14,80

HEFT 1446
Dr. rer. nat. Hildegard Zimmermann-Telschow, Max-Planck-Institut für Ernährungsphysiologie, Dortmund
Direktor: Prof. Dr. Dr. h. c. Heinrich Kraut
Die Veränderung der freien Aminosäuren im Nüchternserum des Menschen bei Ernährung mit Milchprotein
1965. 29 Seiten, 3 Abb., 8 Tabellen. DM 22,50

HEFT 1455
Dr. Ursula Lehr und Prof. Dr. Hans Thomae, Psychologisches Institut der Universität Bonn
Konflikt, seelische Belastung und Lebensalter
1965. 102 Seiten, 4 Abb., 16 Tabellen. DM 36,80

HEFT 1489
Prof. Dr. Johannes Blume, Strümp
Nachweis von Perioden durch Phasen- und Amplitudendiagramm mit Anwendungen aus der Biologie, Medizin und Psychologie
1965. 91 Seiten, 50 Abb., 2 Tabellen. DM 54,80

HEFT 1499
Dr. med. Dr. phil. Max Richard Wolff, Psychiatrische Klinik der Medizinischen Akademie und Rheinisches Landeskrankenhaus Düsseldorf
Direktor: Prof. Dr. F. Panse
Untersuchungen über den Schlafverlauf bei Gesunden und bei psychisch Kranken

HEFT 1513
Prof. Dr. med. Dr. rer. nat. h. c. Dr. med. h. c. H. W. Knipping, Dr. L. Priebe, Dr. H. Schlüssel, Medizinische Universitätsklinik Köln
Nuklearmedizinische Probleme der Bilddarstellung ebener radioaktiver Verteilung in Blutgefäßen und Geweben. Theorie und Ausführung einer physikalischen Bildverstärkeranlage

HEFT 1516
Dr. Becker, im Auftrage der Landesvereinigung der industriellen Arbeitgeberverbände Nordrhein-Westfalen e. V., Düsseldorf
Klärung des diagnostischen Wertes von Verfahren der psychologischen Eignungsuntersuchung
In Vorbereitung

HEFT 1558
Prof. Dr. med. Fritz Menne,
Physiologisch-Chemisches Institut der Universität Münster
Untersuchungen über den Muskel- und Kreatinstoffwechsel im gesunden und kranken Organismus
In Vorbereitung

HEFT 1569
Prof. Dr. M. Schneider, Direktor des Instituts für normale und pathologische Physiologie der Universität Köln
Überlebens- und Wiederbelebungszeit von Gehirn, Herz, Leber, Niere nach Ischaemie und Anoxie
In Vorbereitung

HEFT 1574
Priv. Doz. Dr. med. Peter Satter,
Chirurgische Klinik der Medizinischen Akademie Düsseldorf
Direktor: Prof. Dr. E. Derra
Das Verhalten des Herzminutenvolumens und die Kontrolle des Operationserfolges bei intrakardialen Eingriffen
In Vorbereitung

HEFT 1582
Dipl.-Ing. Dr. techn. Ernst Kofranyi und Dr. rer. nat. Friedrichkarl Jekat,
Max-Planck-Institut für Ernährungsphysiologie, Dortmund
Die biologische Wertigkeit von Kartoffelproteinen
In Vorbereitung

HEFT 1583
Waldschuldirektor a. D. Karl Triebold, Rektor Albert Ritter und Chefarzt Dr. med. Karl Triebold,
Deutsche Gesellschaft für Freilufterziehung und Schulgesundheitspflege e. V., Brackwede
Die Freilufterziehung in ihrer Bedeutung für die Volksschule
1965. 137 Seiten, 1 Abb., zahlreiche Tabellen. DM 13,—

HEFT 1585
Dr. med. Hans Jacoby,
Medizinische Universitätsklinik Köln-Lindenthal
Direktor: Prof. Dr. med. Dr.-Ing. h. c. Dr. med. h. c. Hugo Wilhelm Knipping
Periphere Durchblutungskrankheiten im Spiegel der Mikrozirkulation mit repräsentativen Farb- und Schwarz-weiß-Bildern der terminalen Strombahn an der Lippenschleimhaut des Menschen
In Vorbereitung

HEFT 1588
Priv.-Dozent Dr. Karlheinz Neumann
Institut für Industrielle und Biologische Forschung, Köln
Die biologisch wichtigen Inhaltsstoffe der Pflaumen und die Ursachen ihrer laxierenden Wirkung
In Vorbereitung

HEFT 1604
Dipl.-Ing. Hans R. Seifert
Max-Planck-Institut für Arbeitsphysiologie, Dortmund
Der Wärmeaustausch durch die schweißbedeckte Haut bei Umgebungstemperaturen oberhalb der Hauttemperatur
In Vorbereitung

Verzeichnisse der Forschungsberichte aus folgenden Gebieten können beim Verlag angefordert werden:
Acetylen/Schweißtechnik – Arbeitswissenschaft – Bau/Steine/Erden – Bergbau – Biologie – Chemie – Eisenverarbeitende Industrie – Elektrotechnik/Optik – Energiewirtschaft – Fahrzeugbau/Gasmotoren – Farbe/Papier/Photographie – Fertigung – Funktechnik/Astronomie – Gaswirtschaft – Holzbearbeitung – Hüttenwesen/Werkstoffkunde – Kunststoffe – Luftfahrt/Flugwissenschaften – Luftreinhaltung – Maschinenbau – Mathematik – Medizin/Pharmakologie/NE-Metalle – Physik – Rationalisierung – Schall/Ultraschall – Schiffahrt – Textiltechnik/Faserforschung/Wäschereiforschung – Turbinen – Verkehr – Wirtschaftswissenschaft.

WESTDEUTSCHER VERLAG · KÖLN UND OPLADEN
567 Opladen/Rhld., Ophovener Straße 1–3

GPSR Compliance
The European Union's (EU) General Product Safety Regulation (GPSR) is a set of rules that requires consumer products to be safe and our obligations to ensure this.

If you have any concerns about our products, you can contact us on

ProductSafety@springernature.com

In case Publisher is established outside the EU, the EU authorized representative is:

Springer Nature Customer Service Center GmbH
Europaplatz 3
69115 Heidelberg, Germany

www.ingramcontent.com/pod-product-compliance
Ingram Content Group UK Ltd.
Pitfield, Milton Keynes, MK11 3LW, UK
UKHW061659190726
13853UKWH00008B/2290
* 9 7 8 3 6 6 3 0 6 6 2 5 5 *